TANXUN KONGLONG AOMI

恐龙
大百科

张玉光◎主编

青岛出版集团 | 青岛出版社

大椎龙

大椎龙也叫“巨椎龙”，其学名在希腊文中的意思是“巨大的脊椎”。除了脊椎，它们的牙齿也很独特——前端呈圆形，后端呈刀片状。这种组合型的牙齿表明大椎龙既吃植物又吃肉类。

化 石　大椎龙骨架 >>>

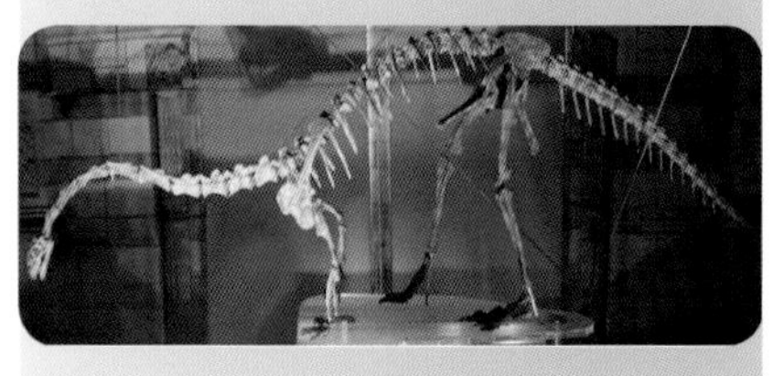

大椎龙的体长约为 4 米。其中，脖子约由 9 节颈椎骨组成，躯干约由 13 节背椎骨和 3 节腰带骨组成。另外，它们的尾椎骨至少有 40 节。

值得庆幸的发现

大椎龙化石标本首次发现于南非。令挖掘工作者以及古生物学家惊讶的是，这组化石标本非常完整，不仅包括主要骨骼，还包括从颈部到尾巴的全部脊椎。生存于近 2 亿年前的生物还能保留下如此完整的骨骼化石，真是让人觉得不可思议！

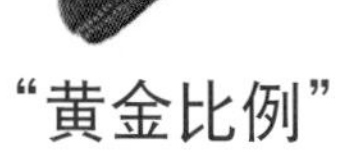

“黄金比例”

大椎龙的脖子和尾巴很长。不过，它们的头骨很小，重量很轻。如果站立起来，它们基本不会因为头重脚轻而摔跤。相比于其他恐龙来说，这样的身体结构算得上达到“黄金比例”了！

大　小	体长约为 4 米，体重约为 135 千克
生活时期	侏罗纪早期
栖息环境	沙漠
食　物	植物，也可能包括肉类
化石发现地	南非、莱索托、赞比亚等

古老的蛋化石

20 世纪 70 年代末，人们曾在南非地区发现 7 枚蛋化石，并且有的含有恐龙胚胎。经研究发现，这些蛋大约是 1.9 亿年前的大椎龙产的。专家称，这些化石里的胚胎应是目前所发现的最古老的恐龙胚胎之一。

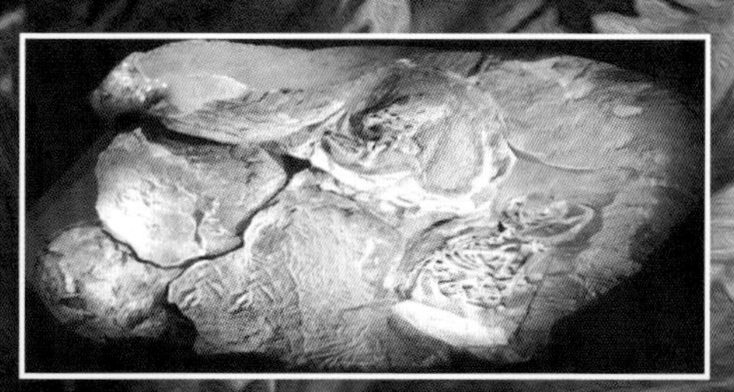

大椎龙的蛋窝及胚胎化石

你知道吗？

恐龙的腰带就是连接躯干和后肢的骨骼构造，一般位于臀部。此处的椎体愈合成为“荐椎”。

大部分大椎龙化石材料在第二次世界大战中惨遭摧毁，现在剩下的已寥寥无几。

小知识

目前，大椎龙的蛋窝及胚胎化石被保存在加拿大多伦多市的皇家安大略博物馆中。

畸齿龙

畸齿龙又叫“异齿龙”。从名字就能看出来，这种恐龙应该拥有与众不同的牙齿。它们的化石最早在 20 世纪 60 年代发现于南非。通过研究它们的头骨化石，古生物学家发现它们居然有 3 种不同类型的牙齿。因此，在这个基础上，古生物学家把它们命名为“畸齿龙”。

化 石　头骨 >>>

古生物学家通过研究畸齿龙的头骨化石能知道很多细节。比如：它们有3种牙齿，每种牙齿各有不同的作用；它们眼眶很大，可能拥有优秀的视力；等等。

不同的牙齿

畸齿龙天生长有 3 种不同类型的牙齿，并且这 3 种牙齿有着各自的用途：长在嘴巴前端的小尖牙叫“切齿”，可以干净利落地咬断坚韧的植物；长在嘴巴两侧平滑整齐的牙齿叫“颊齿”，能把吃到嘴里的食物嚼碎；向外伸出的锋利牙齿为“獠牙”，可能是畸齿龙的武器，具有保卫自身、吸引配偶的作用。

娇小玲珑

在侏罗纪时代，最常见的恐龙就是像畸齿龙这样的小型鸟脚类恐龙。它们身体小巧轻盈，体长在 1 米左右，和火鸡差不多大。这么小巧的体形虽然让它们面对掠食者时没什么优势，但使它们有了来去如风的速度。

大　　小	体长约为 1 米
生活时期	侏罗纪早期
栖息环境	灌木丛
食　　物	植物，可能也包括小型动物
化石发现地	南非

灵巧的手指

畸齿龙的前肢很长，肌肉发达，手指非常灵巧。平时，畸齿龙就是用灵巧的手指来挖掘生长在地下的块茎植物、破坏昆虫的巢穴填饱肚子的。

▼ 1976 年，古生物学家在南非地区发现了完整的畸齿龙骨架化石，其骨骼的每块骨头都保持在原位，没有改动，具有非常重大的研究价值。

收藏在博物馆里的畸齿龙骨架化石

肢 龙

1858 年，英国人哈里森 · 詹姆斯在采矿场挖掘矿石原料时，意外地发现了一些近乎完整的古生物骨骼化石。他立即将这些化石交给著名的古生物学家理查德 · 欧文。欧文在认真研究后，将化石标本命名为“肢龙”（现在也译作“腿龙”或“棱背龙”）。

大　　小	体长约为 4 米
生活时期	侏罗纪早期
栖息环境	森林
食　　物	植物
化石发现地	英国、美国

▲肢龙并非海生动物，但迄今为止已发现的相关化石都出现在海相地层中。因此，古生物学家猜测，它们或许生活在海边，或者是被陆地上的洪水淹死，之后被冲到海里，形成了化石。

独特的体形

肢龙头部较小，颈部在装甲类恐龙中则相对较长。它们的四肢很健壮，前肢与后肢几乎等长，前脚掌与后脚掌也几乎一样宽大、强健。这些特征显示了肢龙平常应该习惯于四足行走。不过，它们偶尔也会后肢着地直立起身体去吃高处的枝叶。

通过已经发现的头骨化石可以发现，肢龙的牙齿平滑整齐，紧紧挨在一起，具备植食恐龙牙齿的典型特征。

全副武装

肢龙是覆盾甲龙类的早期成员。从属名就能看出，肢龙身上穿有严严实实的“护体铠甲”。事实也的确如此。肢龙的脊背上不但长有厚重的骨质鳞片，还镶嵌着大量的骨质尖刺，而且它们的身侧以及尾巴上同样覆盖着狰狞的尖刺。它们全身防护得如此严密，难怪让许多掠食者无从下手。不过，有得必有失。肢龙虽然有了全副的武装，但也因此变得行动迟缓。

冰脊龙

冰脊龙是生活于侏罗纪时期的肉食恐龙，又叫“冰棘龙”“冻角龙”，是古生物学家在南极洲发现并为之正式命名的第一种恐龙。

发现于南极

冰脊龙化石是在 1991 年在南极洲被发现的。这是世界上第一次发现冰脊龙的骨骼化石。因为发现地在南极洲，所以科学家当时将其命名为“南极洲恐龙”。后来，经过认真研究，科学家正式将这些化石描述、命名为“冰脊龙”。

大　小	体长约为 6.5 米，体重约为 460 千克
生活时期	侏罗纪早期
栖息环境	森林
食　物	肉类
化石发现地	南极洲

生活环境

冰脊龙被发现的地方大约位于海拔4000米处。除了冰脊龙骨骼化石，科学家还在这里发现了一些小型动物的骨骼化石和树木化石。科学家据此推测，侏罗纪早期的南极洲还没有移到高纬度地区，并且气候温和，植被茂盛，不像现在这样寒冷。科学家还猜测，冰脊龙也可以在相对较冷的环境中生存，甚至能适应下雪的寒冷天气。

时髦的“大背头”

冰脊龙的头部有一个耸起的冠状物。与其他恐龙的冠状物所不同的是，冰脊龙的冠状物是横在头顶上的。因此，冰脊龙的头冠很像是在头上戴了一朵鸡冠花，也像是20世纪50年代流行的猫王发型。这么看来，冰脊龙还真是追赶“时髦”的恐龙，几亿年以前就自带着高高梳起的“大背头”。

化　石　冰脊龙的头骨及头冠 >>>

冰脊龙的头冠很容易碎裂。这让冰脊龙在捕猎过程中容易处于被动地位。科学家分析，冰脊龙的头冠颜色比较艳丽，可能是求偶用的。

鲸 龙

1841年，古生物学家发现了一些牙齿和骨头的化石。由于化石标本在形状、大小上与“海怪”鲸鱼类似，因此这种生物当时被古生物学家记入大型海洋生物的族谱。直到“恐龙”一词出现，他们才发觉这些化石属于恐龙，因此为这种生物取名为“鲸龙”。

棍子与脖子

鲸龙的脖子很长，几乎跟身体的躯干部分一样长。古生物学家认为，它们的脖子僵硬得像棍子，既不能灵活地转动，也不能长时间抬高。因此，无论是进食还是走路，鲸龙几乎都抬不起头来。

大　　小	体长为14～18米
生活时期	侏罗纪中晚期
栖息环境	平原及疏林地
食　　物	蕨类、其他植物
化石发现地	非洲、英国

你知道吗？

鲸龙的脊椎骨虽然是实心的，但上面有许多海绵孔。

鲸龙的尾巴相对较长，大概由 40 节尾椎骨组成。

小知识

侏罗纪时期，恐龙已是陆地上的霸主。在这个时期，它们开始演化出多个分支。不过，因为灾难等原因，有的恐龙在这个时期灭绝、消失了，鲸龙就是其中之一。

化　石　鲸龙的脊椎骨分解 >>>

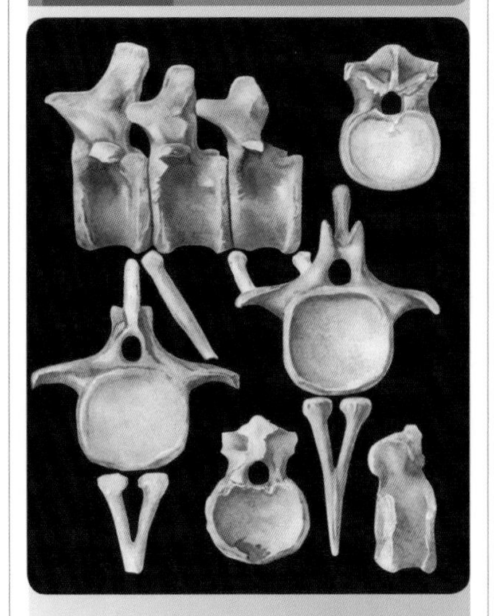

鲸龙的脊椎骨是实心的。这让本来就体形巨大的它们变得更加沉重，走起路来慢悠悠的。因此，鲸龙被人们认为是走得最慢的恐龙之一。

肉食者的牙，素食者的命

与其他的植食恐龙相比，鲸龙有个独特的地方——它们上颌骨的牙齿又尖又密，像钉耙一样，明显是属于肉食恐龙的牙齿。可是，鲸龙对肉并不感兴趣，只爱吃绿色植物。

鲸龙牙齿复原图

橡树龙

橡树龙是生活在侏罗纪的一种小型恐龙。它们虽然名字里带有“橡树”二字，但实际上和橡树并没有什么关系，因为侏罗纪时期还没有橡树这种植物。

化 石　牙齿 >>>

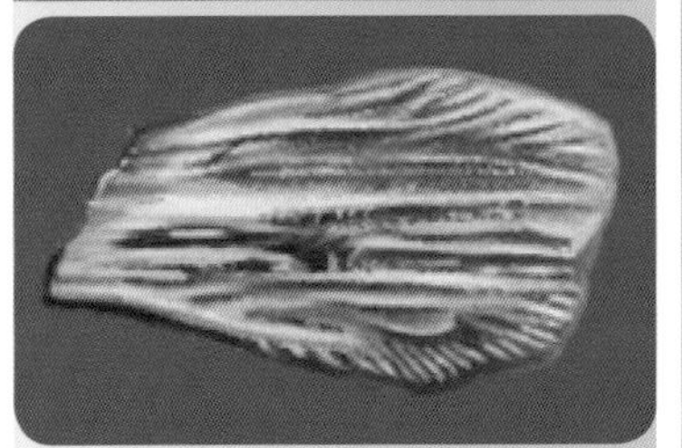

橡树龙的颊齿是它们身上比较有特点的部位，也是它们名字的来源。当初古生物学家在为它们命名时，认为它们的牙齿形状很像现在橡树的叶子。

大　小	体长约为3米
生活时期	侏罗纪晚期
栖息环境	森林
食　物	树芽、嫩枝等
化石发现地	美国、英国等

绝境逃生

没有反击能力的橡树龙在遇到危险时，多会秉承“三十六计走为上”的原则，选择立即逃跑。橡树龙修长健壮的后肢为它们奔跑提供了强大的动力，使它们的速度非常快，普通的肉食恐龙一般追不上它们。不仅如此，橡树龙还有一种天赋，那就是用僵直发硬的尾巴保持平衡，然后在奔跑中急转弯，不断跨越脚下的障碍物，甩掉凶残的敌人。

▶ 橡树龙几乎没有任何保护自己的办法，奔跑就是它们唯一的选择。但是，即便这样，它们依然在危机四伏的侏罗纪坚强地生存了1000多万年。

毫无防备

大多数禽龙类成员为了对抗掠食者，常常会在自己的拇指部位演化出尖锐的“钉子”或“匕首”。橡树龙却是例外。别说“拇指钉”了，它们的全身上下没有任何武装。这意味着，当遭遇肉食恐龙袭击时，它们根本没办法进行有效的反击。

标准的外表

橡树龙作为禽龙家族的成员，在外貌方面非常符合标准：它们头部不大，脸形狭长；适合啃咬植物的喙状嘴里长着橡树枝杈一般的牙齿。另外，橡树龙也有着属于自己的特征，比如：在体形上和现在的某些鹿类差不多，前肢短小无力，后腿修长健壮，等等。

哈氏梁龙

哈氏梁龙原名为“地震龙”，是已知在地球上生存过的体形最大的动物之一，也是超级“大胃王”。它们的脖子约由 15 块颈椎骨组成，尾巴由 70 多块尾椎骨组成，真是令人难以想象！

化 石 尾巴 >>>

哈氏梁龙的尾巴是全身最长的部分，约由 70 块尾椎骨组成，就像长鞭一样。这条“长鞭”不仅可以鞭打敌人，还可以和后肢一起支撑身体，让哈氏梁龙站起来用巨大的前肢抗击敌人。

曾经的名字

成年哈氏梁龙的身长为 30 ～ 40 米，体重能达到 40 ～ 50 吨。因为喜欢三五成群地一起散步，所以它们一出动，地面就有颤动的感觉，好像发生了地震似的。正是因此，它们以前也被称作“地震龙”。

大　　小	体长可达 42 米
生活时期	侏罗纪晚期
栖息环境	森林、平原
食　　物	树叶
化石发现地	美国

你知道吗？

哈氏梁龙在身形上超越了腕龙、迷惑龙等，是陆地上有史以来体长最长的动物之一。

哈氏梁龙的牙齿是扁平的，只能切断植物而不能用来咀嚼。

神奇的脚垫

哈氏梁龙前脚掌内侧长有的大而弯曲的爪是锋利的自卫武器。它们的脚下还可能生有脚掌垫，能将脚趾垫起来。这样，它们走路时就不会发出巨大的响声了。

令人震惊的“230”

哈氏梁龙不仅嘴巴小，连牙齿也很小。因为牙齿无法咀嚼，所以它们往往先将食物一口吞下，然后吞吃些石头帮助消化。曾有人在美国挖出一具哈氏梁龙的化石标本，并在它的背部肋骨之间找到了 230 颗胃石！

小知识

哈氏梁龙体形高大，吃得多，所以人们认为它们每天可能会喝很多水。但是，事实并非如此。由于恐龙的皮肤无法排汗，体内水分流失少，同时植食恐龙可以从树叶中吸取水分，因此哈氏梁龙一般不需要喝太多水。

重　龙

19 世纪末，古生物学界因两位学者引起的奇葩“化石大战”而变得动荡不安。许多化石猎人为了战胜对手，开始不择手段地彼此竞争。重龙化石就是在这样复杂的大背景下被发现的。

化　石　重龙的头骨 >>>

通过收藏在博物馆里的化石可以发现，重龙的牙齿呈钉状，具备植食恐龙牙齿的典型特征。古生物学家推测，它们需要吞咽胃石来促进食物消化。

大　　小	体长约为 28 米
生活时期	侏罗纪晚期
栖息环境	平原
食　　物	植物
化石发现地	北美洲、非洲等

庞然大物

重龙是侏罗纪晚期蜥脚类恐龙中“出类拔萃”的成员。小小的头部，长达近 10 米的脖子，粗壮的四肢，以及足以横跨整个网球场的庞大身躯，使一头重龙比 3 头大象还沉。

粗糙的皮肤

重龙的皮肤一点儿也不光滑，反而显得很粗糙，而且表面覆盖着一层鳞片。古生物学家认为这层鳞片对于重龙来说非常重要。它不仅能保护重龙免受掠食者的抓伤或咬伤，还可以在干旱缺水的天气里帮助重龙减少体内水分的蒸发，让重龙比其他恐龙多了几分生存优势。

▶ 20世纪90年代，美国自然历史博物馆展出了一具靠后肢站立的重龙骨架模型。这具骨架始一出现就饱受争议。有人觉得它的姿势是错误的，因为模型显示的重龙太大了，心脏没办法把血液输送到大脑；也有人认为重龙可能有一颗或多颗足够巨大的心脏，能轻松把血液输送到全身。

有争议的重龙骨架模型

尾巴武器

和超长的脖子相对应，重龙还长着超长的尾巴。这不仅是辅助重龙保持身体平衡的工具，还是自卫反击的强大武器。如果被掠食者惹怒，重龙就会猛地挥动鞭子一样的尾巴震慑或击伤对方，让其知难而退。

异特龙

异特龙是一种活跃在侏罗纪晚期的残暴掠食者。它们数量庞大，凶狠暴虐，四处捕杀猎物。许多体形巨大的植食恐龙倒在它们的利齿之下。在当时的北美大陆，雄霸天下的异特龙几乎没有对手，藐视一切。

化　石　异特龙的头骨 >>>

异特龙的嘴巴又大又长。它们那咬合力强大的上下颌上长满锋利的牙齿，能轻松刺穿猎物的皮肉。而且，异特龙牙齿更替的速度很快，一直在进行着“掉牙—长牙”的循环。

▶在博物馆参观异特龙的骨架模型或复原模型的时候，你也许会发现异特龙的头顶上有一对小角。其实，这对小角是异特龙薄弱的角冠，由向上延伸的泪骨构成。古生物学家猜测，角冠上很可能有角质存在，并且角冠具有不同的功能，比如吸引异性、帮眼睛遮挡阳光等。

异特龙头顶的角冠

谁是凶手?

美国犹他州某地曾经一次性出土了几十具异特龙化石。化石显示，这些异特龙年龄和体形各不相同，但死亡时间却几乎一致。这个惊人的发现让古生物学家既兴奋又困惑。在侏罗纪晚期，异特龙横行北美，罕逢敌手，到底是谁把它们集体“屠杀”了呢？在经过深入研究、探讨后，他们猜测：这片发现地在当时很可能是一片沼泽或烂泥塘，大量异特龙因为某种原因集体陷到里面无法挣脱，最终绝望地死去。

变化的捕猎方式

异特龙的捕食方式会随着年龄的增长而发生变化。年轻的时候，它们身强体壮，行动迅速，常常会尽全力去追捕逃跑的猎物。上了年纪以后，它们的身体会变得越来越沉重，行动开始笨拙、迟钝起来。到了这个阶段，异特龙便会主动改变捕食策略，不再一味地追捕猎物，转而隐藏在幕后，等待时机伏击目标。

大　小	长 8 ～ 12 米，重 2 ～ 5 吨
生活时期	侏罗纪晚期
栖息环境	平原
食　物	肉类
化石发现地	北美洲

角鼻龙

从外表看上去，角鼻龙和同时期的肉食恐龙并没有太大的区别——都有巨大的头部、灵活的脖子、强壮的身体以及粗长的尾巴。它们同样前肢短小无力，靠健壮的后肢行走。不过，角鼻龙的鼻子前端长有特殊的小角。这正是角鼻龙名字的由来。

结伴捕猎

大　　小	体长可达 6 米
生活时期	侏罗纪晚期
栖息环境	平原
食　　物	肉类
化石发现地	美国、非洲等

角鼻龙虽然体形看起来不小，但在“巨龙到处走”的侏罗纪里并不出众。这就导致它们在捕杀大型植食恐龙时经常遇到挫折，有时会铩羽而归。因此，角鼻龙很少独自捕食，一般是结伴出行。

化　石　角鼻龙的头骨 >>>

角鼻龙鼻子上方短小的角是它们和其他肉食恐龙最大的区别。多年来，古生物学家一直不确定短角的作用，因为这些短角实在太短、太小了。

角的用途

古生物学家曾对角鼻龙短角的用途作出过多种假设。有人猜测它们是雄性角鼻龙之间彼此争斗的武器，也有人认为它们是角鼻龙用来炫耀和求偶的工具，还有人认为它们纯粹只是一种装饰、摆设 。

凶狠的搏杀

角鼻龙的捕食方式有些残忍。在追到猎物后，角鼻龙往往先用尖锐的爪子把猎物刺伤、制服，然后用尖利的牙齿使劲撕咬对方，直到猎物满身伤口，鲜血淋漓，再也没有力气挣扎为止。另外，角鼻龙同类之间的战斗也十分激烈。它们常常会用坚硬的头部彼此撞击，或者通过不停地吼叫来震慑对方。

▼角鼻龙从颈部到尾巴的皮肤表面长有一连串骨质甲片。这在肉食恐龙中很少见。甲片能在一定程度上保护角鼻龙，使其避免受到严重伤害。

美颌龙

在人们的印象里，肉食恐龙似乎应该是一些身强体壮的大家伙。尽管多数肉食恐龙是这样的，但也有一些小巧玲珑的特例，美颌龙就是其中之一。

化　石　美颌龙的骨架 >>>

美颌龙非常娇小，和现代家鸡差不多大，是整个中生代里体形最小的恐龙之一。

小“龙”凶猛

多年来，古生物学家通过研究各地出土的美颌龙化石，已经对美颌龙有了非常深刻的了解。别看美颌龙个头不大（成年后体长也只有 1 米左右），看上去一副弱不禁风的样子，但这只是它们表面的伪装。实际上，它们无愧于肉食恐龙的“血统”，性格非常凶悍，经常拉帮结伙，组队围猎一些比较大的猎物。

爬树高手

美颌龙天生娇小轻盈，拥有中空的骨头、强健的后肢和细长的尾巴。这让它们在追逐猎物时变得异常敏捷。一旦发现猎物，美颌龙就会锲而不舍地追赶。此外，美颌龙在爬树方面也很有“心得”。如果猎物躲到树上，美颌龙就会顺着树干爬上去进行抓捕。

大　　小	体长约为 1 米，体重约为 3.5 千克
生活时期	侏罗纪晚期
栖息环境	灌木丛、沼泽
食　　物	昆虫、蜥蜴及其他小型动物
化石发现地	德国、法国

▼ 美颌龙的前肢很有特点——前段长有细小的指骨，上面长着3根手指，并且都带有锐利的爪子。人们认为美颌龙是靠前肢来抓捕猎物的。

多年误解

之前，古生物学家曾经发现一具特殊的美颌龙化石——它的身体里有另外一具骨骼化石。最初，人们以为这是一具幼龙的残骸化石，由此推测美颌龙会同类相食。但是，后来人们经过研究发现，那只是一具巴伐利亚蜥的骨骼化石而已。

气 龙

气龙生活在侏罗纪中期，是已知最古老的坚尾龙类之一。它们的化石发现于中国四川省自贡市大山铺镇。

名字与天然气有关

气龙是一种原始的食肉性恐龙。它们并不爱生气，之所以被叫作“气龙”，是因为它们的化石发现过程和天然气有点关系——1979 年，一支考察队在寻找天然气时偶然发现了它们的化石。

可怖的捕猎者

气龙虽然体形不大，在侏罗纪中期却也是一方霸主。它们头骨轻盈，牙齿尖锐，边缘呈锯齿状，能撕裂生肉；前肢短小灵活，后肢强壮有力，趾端长有尖锐的利爪。它们尤其善于两足快速奔跑，捕食其他动物，是大山铺恐龙动物群中可怖的捕猎者。

大　　小	体长为 3.5 ～ 4 米，体重约为 150 千克
生活时期	侏罗纪中期
栖息环境	森林、平原等
食　　物	肉类
化石发现地	中国自贡

图书在版编目（CIP）数据

探寻恐龙奥秘. 3, 侏罗纪恐龙. 下 / 张玉光主编. — 青岛：青岛出版社，2022.9
（恐龙大百科）
ISBN 978-7-5552-9869-4

Ⅰ. ①探… Ⅱ. ①张… Ⅲ. ①恐龙 – 青少年读物 Ⅳ. ①Q915.864-49

中国版本图书馆CIP数据核字（2021）第118789号

书　　名　恐龙大百科：探寻恐龙奥秘
[侏罗纪恐龙（下）]
主　　编　张玉光
出版发行　青岛出版社（青岛市崂山区海尔路182号）
本社网址　http://www.qdpub.com
责任编辑　朱凤霞
美术设计　张　晓
绘　　制　央美阳光
封面画图　高　波
设计制作　青岛新华出版照排有限公司
印　　刷　青岛新华印刷有限公司
出版日期　2022年9月第1版　2022年10月第1次印刷
开　　本　16开（710mm×1000mm）
印　　张　12
字　　数　240千
书　　号　ISBN 978-7-5552-9869-4
定　　价　128.00元（共8册）
编校印装质量、盗版监督服务电话：4006532017　0532-68068050

让我们回到恐龙时代，进行一场惊心动魄的探险旅程。在这里，你会见到生活在三叠纪、侏罗纪、白垩纪不同时期的恐龙。它们有的铠甲护身，有的身披羽毛，有的长有犄角，有的巨大无比，有的令人闻风丧胆……

ISBN 978-7-5552-9869-4
定价：128.00 (全8本)